Tejaswini Ghanwat
Vikram Patil

Doença cardíaca e Yoga

Tejaswini Ghanwat
Vikram Patil

Doença cardíaca e Yoga

Sistema especialista em Yoga

ScienciaScripts

Imprint

Cover image: www.ingimage.com

This book is a translation from the original published under ISBN 978-3-659-81634-5.

Publisher:
Sciencia Scripts
is a trademark of
Dodo Books Indian Ocean Ltd. and OmniScriptum S.R.L publishing group

120 High Road, East Finchley, London, N2 9ED, United Kingdom
Str. Armeneasca 28/1, office 1, Chisinau MD-2012, Republic of Moldova, Europe
Printed at: see last page
ISBN: 978-620-8-18100-0

ÍNDICE

Capítulo 1

INTRODUÇÃO

1.1 INTRODUÇÃO

A palavra yoga deriva da sua origem sânscrita "YUJ", que significa "ligar", "juntar" ou "aplicar". O ioga tem sido amplamente estudado pelos seus efeitos benéficos para a saúde humana. O ioga é praticado em todo o mundo. Produz alterações fisiológicas consistentes e tem uma base científica sólida. As alterações cardiovasculares devidas ao processo de envelhecimento estão a ser anunciadas desde as últimas décadas[1].

Atualmente, o ioga tornou-se uma cultura de saúde antiga. Como exercício estático, o Ioga regula o corpo através da postura, da respiração, da meditação, etc., e desempenha um papel importante na nossa saúde física, mental, espiritual e emocional. Em muitos países, o Ioga é adotado como método de tratamento de doenças como a asma, a diabetes, a hipertensão, a artrite, a indigestão, etc. De acordo com alguns dados, o Yoga é muito popular porque pode equilibrar o sistema mental e o sistema endócrino do ser humano, exercendo assim uma influência direta nos outros sistemas do ser humano e equilibrando-os. O ioga é aplicável a seres humanos de todas as idades e ajuda a reduzir a carga sobre o coração.

Origem do Ioga: Ioga vem do sânscrito indiano "yug" ou "yuj", que significa "conformidade", "combinação" ou "harmonia". O seu significado original é "domar cavalos", bem como certas práticas que ajudam a atingir o objetivo mais elevado. No Yoga Sutra, escrito por Patanjali, o Yoga foi definido com exatidão como "controlar o coração". O Ioga também tem o significado de combinação, ligação e conexão, ou seja, combinar perfeitamente o espírito, a sabedoria e o corpo, que é também o princípio e o objetivo do Ioga, ou seja, concentrar-se nas coisas através da meditação [1].

2) Funções do Ioga: O Ioga é a forma mais antiga de fortalecer o corpo e a forma mais moderna de construir o corpo, que se centra na "combinação de um espírito saudável com um corpo saudável" para que possamos ser física e mentalmente harmoniosos. Além disso, o ioga ajuda-nos a adquirir a qualidade de manter a calma e a objetividade, a atitude de encarar as coisas como elas são, a robustez e a graciosidade, para que possamos obter a alegria e a felicidade da vida. Os exercícios de ioga são muito eficazes para o coração. Para um coração saudável, existem diferentes tipos de ioga [1].

3) Caraterísticas do Yoga

Yoga é desenvolver plenamente o nosso potencial através da melhoria da nossa consciência do Yoga. Voltar à natureza é o novo estilo de vida popular no mundo, e também uma filosofia altamente valorizada pelo Yoga. O Yoga pode levar-nos ao estado mais belo, e cada gesto e movimento pode expor ao máximo a beleza feminina. Na medicina, saúde significa limpar e remover todas as obstruções dos canais e o Yoga pode conseguir isso. Com corpos fortes, o nosso exercício mental não deve ser negligenciado, e o Yoga pode combinar bem ambos [1].

4) Tipos de ioga; Existem muitos tipos diferentes de ioga em prática, por isso é importante descobrir que tipo de ioga é útil para si. Segue-se uma introdução a alguns dos tipos de ioga mais comuns:

a) Ananda Yoga; Centra-se em posturas suaves que são concebidas para mover a energia até ao cérebro e preparar o corpo para a meditação. Também se concentra no alinhamento correto do corpo e na respiração controlada.

b) Bikram Yoga; O Bikram Yoga inclui todos os componentes da boa forma física: força muscular, resistência muscular, flexibilidade cardiovascular e perda de peso. A prática de Bikram Yoga é mais benéfica a uma temperatura de 95-105 graus, o que promove uma maior flexibilidade, a prevenção de lesões e a desintoxicação.

c) Iyengar Yoga: Concebido pelo mestre de ioga B.K.S. Iyengar há mais de 60 anos, promove a força, a resistência, a flexibilidade e o equilíbrio. Requer uma respiração coordenada e um alinhamento corporal preciso. O Iyengar yoga é bom para recuperar de uma lesão. O Iyengar continua a ser um dos tipos de ioga mais populares.

d) Hatha Yoga: É a forma básica de yoga. O Hatha Yoga é a base de todos os tipos de Yoga. Incorpora Asanas (posturas), meditação (Dharana & Dhyana), Pranayama (respiração regulada) e kundalini (Laya Yoga) num sistema completo que pode ser usado para alcançar a iluminação. Tornou-se muito popular na América como fonte de exercício e de gestão do stress.

e) Power Yoga: É a interpretação americana do ashtanga yoga. O ashtanga yoga combina alongamentos, treino de força e respiração meditativa. O power yoga é um passo à frente do ashtanga yoga. A chave para o power yoga é a produção de suor, o poder de construção muscular é o ritmo. O power yoga desenvolve a força da parte superior do corpo, bem como a flexibilidade e o equilíbrio.

O quadro seguinte mostra que estão disponíveis diferentes iogas para diferentes doenças.

Quadro 1.1 Diferentes tipos de Ioga, para diferentes doenças

Doenças	Ioga
Acidez	Shalabhasana
Asma	Shavasana, Sheershasana, Sarvangasana, Shalabhasana, Matsyasana
Dor nas costas	Sarvangasana
Prisão de ventre	Chakrasana , Dhanurasana ,Bhujangasana, Matsyasana, Mayurasana, Padahastasana
Diabetes	Dhanurasana, surya Namaskar, Sarpasana

Frigidez	Shirshasana, Pashchimottanasana, Sarvangasana, Bhujangasana, Matsyasana
Hipertensão	Vajrasana, Pawanamukthasana, Shashaankasana
Insónia	Halasana, Shirshasana, Sarvaangasana
Dores nas articulações	Veerasana, Trikonasana, Gomukhasana, Siddhasna, Vrikshasana
Tensão mental	Trikonasana, Halasana, Vajrasana, Shavasana, garbhasana, Sarvangasana
Enxaqueca	Sirshasana, Sarvangasana, Paschimothanasana
Obesidade	Paschimottanasana, Halasana, Shalabhasana, Dhanurasana, Sarvangasana, Padahastasana
Reumatismo	Padamasana, Dhanurasana
Distúrbios do estômago	Sukhasana, Padmasana, Bhujangasana, Ardhachakrasana, Shalabhasana

Nos hospitais e clínicas onde o médico orienta regularmente a prática do ioga para determinados tipos de doenças. Mas os médicos não conseguem dar orientação especializada aos doentes a esse respeito. Pode ser possível deslocar um especialista ao hospital, mas pode não ser viável nos centros de saúde rurais, uma vez que as pessoas estão mais viradas para a vida urbana. Uma vez que os especialistas ou peritos em muitas áreas são menos numerosos e o custo de os consultar é elevado. Um sistema especializado nessas áreas pode ser uma alternativa útil e económica a longo prazo. Combinando o ioga com um sistema especializado, é possível fornecer orientação especializada no domínio do ioga. Este sistema pericial de ioga capta o sinal ECG, analisa-o e descobre se é do tipo taquicardia, normal ou bradicardia e sugere o ioga em conformidade.

1.2 OBJECTIVOS E METAS

Os objectivos deste sistema YOGA-EXPERT consistem em captar o sinal do eletrocardiograma utilizando eléctrodos, extrair as caraterísticas, descobrir a doença e sugerir ioga em conformidade. O sistema funcionará em duas fases: uma fase de treino e uma fase de teste. A fase de treino extrairá as caraterísticas da taquicardia, da bradicardia e dos sinais ECG normais e utilizará essas caraterísticas para treinar a rede neural feed-forward. A fase de teste utiliza o sinal de ECG em tempo real, extrai caraterísticas e utiliza-as para testar a rede neural feed-forward. As diferentes caraterísticas, como a média, a moda, a variância e o intervalo RR, são extraídas utilizando a linguagem de programação Mat lab.

1) Desenvolvimento de amplificadores de instrumentação.

- Seleção de componentes para a tarefa proposta.
- Conceção de amplificadores de instrumentação.
- Conceção de filtros.
- Recolha da base de dados do sinal ECG.

2) Desenvolvimento de Programas para Análise de Sinais de Eletrocardiograma.

- Programa para filtrar o sinal ECG.
- Desenvolvimento de um algoritmo adequado para a extração de caraterísticas do sinal ECG.
- Implementação de um algoritmo para extração de caraterísticas do sinal ECG.

3) Testes e análises.

- No modo de treino, extrair caraterísticas de diferentes sinais ECG relacionados com diferentes doenças.

- Guardar as caraterísticas do sinal ECG de acordo com diferentes doenças como base de dados.
- No modo de teste, extrair as caraterísticas do sinal de teste e compará-las com as caraterísticas do modo de treino.
- Encontrar o resultado sob a forma do nome da doença e, consequentemente, encontrar o respetivo yoga para essa doença e apresentar o resultado na GUI.

1.3 ÂMBITO DO PROJECTO

Atualmente, não existe no mercado nenhum equipamento de diagnóstico capaz de captar o sinal de ECG, analisar o sinal, descobrir a doença cardíaca do doente e sugerir o ioga em conformidade. Como o ioga é uma das artes tradicionais, é necessário preservar as informações relacionadas com o ioga e também utilizá-las. O ECG reflecte o estado do coração e, por conseguinte, é como um indicador das condições de saúde de um ser humano. O ECG, se for corretamente analisado, pode fornecer-nos informações sobre várias doenças relacionadas com o coração. No entanto, sendo o ECG um sinal não estacionário, as irregularidades podem não ser periódicas e aparecer em intervalos diferentes. A observação clínica do ECG pode, por isso, demorar longas horas e ser muito fastidiosa. Além disso, não se pode confiar na análise visual. Por isso, é necessário recorrer a técnicas informáticas para a análise do ECG.

Este sistema contém eléctrodos, placa DAC, amplificador e filtros. Assim, descrevemos sucintamente o nosso sistema de captação de sinais de eletrocardiograma, extraindo várias caraterísticas e classificando o sinal ECG em conformidade. Ao ler o sinal dos eléctrodos que são enviados para o amplificador e um digitalizador para quantificar o sinal analógico. O nosso sistema tem potencial para extrair as caraterísticas e classificar o sinal de eletrocardiograma em conformidade.

1.4 ORGANIZAÇÃO DA TESE

O capítulo 2 trata das teorias e práticas actuais. Dá uma ideia dos trabalhos realizados no passado por investigadores de todo o mundo.

No Capítulo 3, foi feita uma introdução ao sinal de eletrocardiograma. Foi também abordada uma introdução ao coração e à geração do sinal de ECG. Foram enumeradas as doenças cardíacas taquicardia e bradicardia, as suas causas e sintomas.

C O capítulo 4 trata do desenvolvimento e da implementação do hardware. Apresenta uma breve introdução ao procedimento de seleção dos eléctrodos. Fornece informações relacionadas com a conceção do amplificador de instrumentação, do filtro passa-baixo, do filtro passa-alto e do filtro notch.

C O capítulo 5 inclui informações relacionadas com a conceção de software, a captação de sinais ECG através de uma placa DAC. Inclui o processamento do sinal de eletrocardiograma em laboratório mat e uma introdução à rede neural, diferentes algoritmos de rede neural.

C O capítulo 6 inclui os resultados e a discussão. Inclui o fluxograma do sistema e a rede neural. Resultado após a filtragem do sinal ECG, o ponto QRS detectou o ECG para taquicardia, estado normal e bradicardia. Também são verificadas a exatidão, a sensibilidade, a previsibilidade positiva e a especificidade dos diferentes algoritmos.

C capítulo 7 inclui a conclusão, as limitações e o trabalho futuro.

1.5 OBSERVAÇÃO FINAL

Neste capítulo, estudámos os diferentes tipos de yoga, as funções do yoga e as suas caraterísticas. O âmbito do presente trabalho também é explicado neste capítulo. Inclui os objectivos do sistema. O capítulo seguinte destaca a revisão da literatura que abrange os métodos existentes de processamento do sinal ECG e de extração de caraterísticas.

Capítulo 2

REVISÃO DA LITERATURA

Atualmente, não existe um sistema deste tipo no mercado que possa extrair as caraterísticas dos sinais ECG, descobrir a doença e sugerir ioga com base nos resultados. Para a extração das caraterísticas do sinal ECG, existem diferentes métodos.

Huang Zhaoyuan[1] apresentou o trabalho "Investigação sobre as funções promotoras do ioga na saúde dos homens". Neste trabalho, é feita uma pesquisa sobre as funções do Yoga para a saúde dos homens e a sua influência no corpo e na mente dos homens, e através da pesquisa, verifica-se que o Yoga pode ativar eficazmente a gordura corporal, regular o ritmo cardíaco, reduzir a carga sobre o coração e vitalizar os homens no que diz respeito à sua saúde física, para que possam trabalhar e viver uma vida confidencial.

Indla Devasena e Pandurang Narhare [2] apresentaram um artigo sobre "Effect of yoga on heart rate and blood pressure and its clinical significance" (Efeito do ioga na frequência cardíaca e na tensão arterial e seu significado clínico). O presente estudo foi efectuado para conhecer o efeito do ioga na frequência cardíaca e na pressão arterial. O estado cardiovascular dos indivíduos foi avaliado clinicamente em termos de frequência cardíaca em repouso e pressão arterial antes do início da prática de ioga e novamente após 6 meses de prática de ioga. Os resultados foram comparados e analisados em função da idade, do sexo e do índice de massa corporal. O estudo revelou que o ioga é benéfico.

Martin J. Burke* e Denis T. Gleeson [3] apresentaram um trabalho sobre "A Micro-power DryElectrode ECG Preamplifier". Este documento descreve o desenvolvimento de um pré-amplificador de muito baixa potência destinado a ser utilizado no registo do eletrocardiograma humano com eléctrodos em pasta. Utiliza um elétrodo comum acionado para melhorar a rejeição de sinais de interferência de modo comum.

Sachin Singh e Netaji Gandhi.N[4] utilizaram o algoritmo pan-Tompkins para a análise de padrões de diferentes sinais ECG. Utilizaram um filtro passa-banda, um diferenciador e um integrador de janela móvel. O principal objetivo do processamento digital do sinal ECG é fornecer uma estimativa precisa, rápida e fiável de parâmetros clinicamente importantes, tais como a duração do complexo QRS, o intervalo R-R, a ocorrência, a amplitude e a duração das ondas P, R e T. . Este método é utilizado para medir todos estes parâmetros.

A. Mukherjee e k. K. Ghosh[5] utilizaram a análise de wavelets para o processamento do sinal ECG. A expansão de Fourier, um excelente decompositor espetral de um sinal, sofre de um revés na sua incapacidade de representar o sinal simultaneamente no domínio temporal e espetral. Assim, a transformada wavelet pode ser utilizada no processamento do sinal ECG. A DWT, uma ferramenta poderosa para a extração de caraterísticas do ECG, está ainda limitada pela escolha das wavelets a utilizar na extração de caraterísticas.

Rajesh Ghongade , Dr. A.A. Ghatol[6] apresentaram uma rede neural artificial para a extração de caraterísticas do sinal ECG. Neste artigo, os autores concentraram-se nos vários esquemas de extração das caraterísticas úteis dos sinais ECG para utilização com redes neurais artificiais. Uma vez feita a extração das caraterísticas, as RNA podem ser treinadas para classificar os padrões com uma precisão razoável.

Hari Mohan Rai , Anurag Trivedi, Shailja Shukla[7] propuseram o processamento do sinal ECG para a deteção de anomalias utilizando a transformada wavelet multi-resolução e um classificador de redes neuronais artificiais. Três classificadores de redes neurais: Back Propagation Network (BPN), Feed Forward Network (FFN) e Multilayered Perceptron (MLP) são utilizados para classificar o sinal ECG.

Elif Derya Ubeyli [8] apresentou a utilização de estatísticas sobre o conjunto de caraterísticas que representam os sinais de eletrocardiograma (ECG). Arquitecturas de redes neuronais perceptron multicamada (MLPNN) foram formuladas e utilizadas como base para a deteção de variabilidade dos sinais de ECG.

Priyanka Agrawal[9] apresentou o desenho da arquitetura da rede neural para a extração de caraterísticas do ECG por wavelet. Este artigo trata do desenho da rede neural feed forward (FFNN) com o efeito dos parâmetros da RNA para a extração de caraterísticas do sinal ECG utilizando a decomposição wavelet.

Md. Ashfanoor Kabir, Celia Shahnaz [10] propôs a redução do ruído de sinais ECG com base em algoritmos de redução do ruído nos domínios EMD e wavelet. Este artigo apresenta uma nova abordagem de redução de ruído de sinais ECG baseada em algoritmos de redução de ruído nos domínios da decomposição de modo empírico (EMD) e da transformada wavelet discreta (DWT).

Md.Tarek Uz Zaman, Delower Hossain[11] compararam diferentes métodos de redução de ruído do sinal ECG, incluindo o filtro Notch, o filtro Savitzky-Golay e a Wavelet.

Capítulo 3

ASPECTOS TEÓRICOS DO ECG

Este capítulo inclui a introdução do coração, a geração do sinal do eletrocardiograma e os sintomas das doenças de taquicardia e bradicardia e as suas causas.

3.1 CORAÇÃO

O coração, localizado no mediastino, é a estrutura central do sistema cardiovascular. Está protegido pelas estruturas ósseas do esterno, anteriormente, da coluna vertebral, posteriormente, e da caixa torácica. O nódulo sinoatrial (SA) é o marcapasso dominante do coração, localizado na porção superior do átrio direito. Tem uma frequência intrínseca de 60-100 bpm. O nódulo atrioventricular (AV) é uma parte do tecido da junção AV. Diminui a velocidade de condução, criando um ligeiro atraso antes de os impulsos chegarem aos ventrículos. Tem uma frequência intrínseca de 40-60 bpm.

Ação	Efeito
Despolarização	A deslocação dos electrólitos através da membrana celular provoca uma alteração da carga eléctrica da célula. Isto resulta em contração.
Repolarização	A carga negativa interna é restaurada e as células regressam ao seu estado de repouso.

Tabela 3.1Electrofisiologia

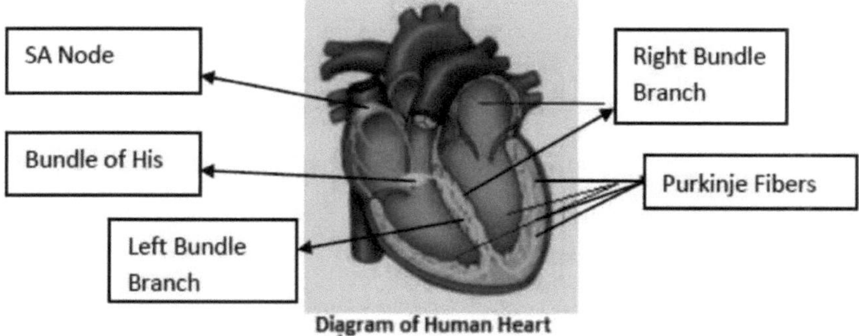

Fig.3.1 Estrutura do sistema de condução

O coração: Fases

Existem duas fases do ciclo cardíaco .

Sístole: Os ventrículos estão cheios de sangue e começam a contrair-se. As válvulas mitral e tricúspide fecham-se (entre as aurículas e os ventrículos). O sangue é expelido pelas válvulas pulmonar e aórtica.

Diástole: O sangue flui para as aurículas e, através das válvulas mitral e tricúspide abertas, para os ventrículos

3.2 ELECTROCARDIOGRAMA (ECG):-

Um ECG é uma série de ondas e deflexões que registam a atividade eléctrica do coração a partir de um determinado "ponto de vista". Muitas vistas, cada uma chamada derivação, monitorizam as alterações de tensão entre eléctrodos colocados em diferentes posições no corpo. Cada célula cardíaca é rodeada e preenchida por soluções de sódio (Na+), potássio (K+) e cálcio (Ca++). O interior da membrana celular é considerado negativo em relação ao exterior em condições de repouso. Quando é gerado um impulso elétrico no coração, a parte interior torna-se positiva em relação ao exterior. Esta mudança de polaridade é designada por despolarização. Após a despolarização, a célula volta ao seu estado inicial. Este fenómeno chama-se repolarização. O ECG regista o sinal elétrico do coração à medida que as células musculares se despolarizam (contraem) e repolarizam.

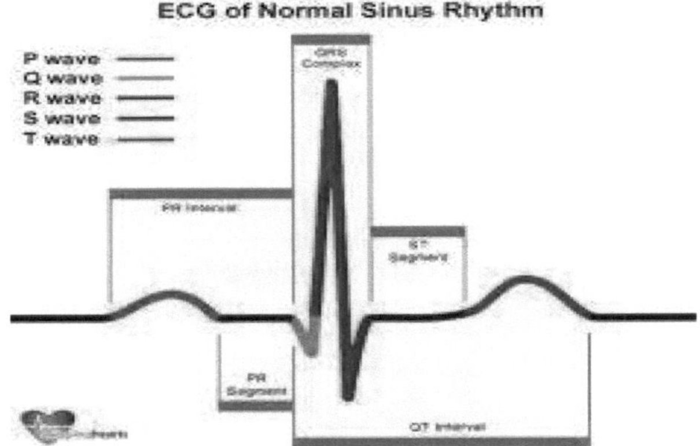

Fig.3.2 Sinal ECG normal e seus vários componentes

Os impulsos do coração são registados como ondas denominadas deflexões P-QRS-T. Segue-se a descrição e o significado de cada deflexão e segmento.

A onda P indica despolarização (e contração) auricular.

O intervalo PR mede o tempo durante o qual uma onda de despolarização viaja dos átrios para os ventrículos.

O intervalo QRS inclui três deflexões após a onda P, o que indica despolarização (e contração) ventricular. A onda Q é a primeira deflexão negativa, enquanto a onda R é a primeira deflexão positiva. A onda S indica a primeira deflexão negativa após a onda R.

O Segmento ST mede o tempo entre a despolarização ventricular e o início da repolarização.

A onda T representa a repolarização ventricular.

O intervalo QT representa a atividade ventricular total.

3.3 ARRHYTMIA:

Normalmente, o Nó SA gera o impulso elétrico inicial e inicia a cascata de eventos que resultam num batimento cardíaco. Para uma pessoa normal e saudável, o ECG apresenta-se como um sinal quase periódico com despolarização seguida de repolarização em intervalos iguais. No entanto, por vezes, este ritmo torna-se irregular.

Arritmia cardíaca (ou disritmia) é um termo que designa um grupo alargado e heterogéneo de doenças em que existe uma atividade eléctrica anormal no coração. O batimento cardíaco pode ser demasiado rápido ou demasiado lento, e pode ser regular ou irregular.

Taquicardia: Taquicardia significa ter uma frequência cardíaca elevada, superior a 100 bpm.

Bradicardia: Bradicardia significa ter uma frequência cardíaca baixa, inferior a 60 bpm.

3.3.1CAUSAS

Normalmente, o coração funciona como uma bomba que leva o sangue para os pulmões e para o resto do corpo. Para que isso aconteça, o coração tem um sistema elétrico que garante que se contrai (aperta) de forma ordenada.

- O impulso elétrico que dá sinal ao coração para se contrair começa no nódulo sinoatrial (também chamado nódulo sinusal ou nódulo SA). Este é o pacemaker natural do coração.
- O sinal deixa o nódulo SA e percorre o coração ao longo de uma via eléctrica definida.
- Diferentes mensagens nervosas indicam ao coração que deve bater mais devagar ou mais depressa.

As arritmias são causadas por problemas no sistema de condução eléctrica do coração.

- Podem ocorrer sinais anormais (extra)
- Os sinais eléctricos podem ser bloqueados ou abrandados
- Os sinais eléctricos percorrem caminhos novos ou diferentes através do coração

Algumas causas comuns de batimentos cardíacos anormais são:

- Níveis anormais de potássio ou de outras substâncias
- Ataque cardíaco ou um músculo cardíaco danificado devido a um ataque cardíaco anterior
- Doença cardíaca que está presente à nascença (congénita)
- Insuficiência cardíaca ou coração dilatado
- Glândula tiroide hiperactiva

As arritmias também podem ser causadas por algumas substâncias ou medicamentos, incluindo

- Álcool, cafeína ou estimulantes como anfetaminas
- Beta-bloqueadores
- Fumo de cigarros (nicotina)
- Medicamentos que imitam a atividade do sistema nervoso
- Medicamentos utilizados para a depressão ou psicose

Por vezes, os medicamentos anti-arrítmicos - prescritos para tratar um tipo de arritmia - causam outro tipo de arritmia.

Alguns dos ritmos cardíacos anormais mais comuns são:

- Fibrilhação auricular ou flutter
- Taquicardia de reentrada nodal atrioventricular (AVNRT)
- Bloqueio cardíaco ou bloqueio atrioventricular
- Taquicardia auricular multifocal
- Taquicardia supra ventricular paroxística
- Síndrome do seio doente
- Fibrilhação ventricular ou taquicardia ventricular
- Síndrome de Wolff-Parkinson-White

3.3.2Sintomas

Quando se tem uma arritmia, o batimento cardíaco pode ser:

- Demasiado lento (bradicardia)
- Demasiado rápido (taquicardia)
- Batimentos irregulares, desiguais ou saltados

Uma arritmia pode estar sempre presente ou pode ir e vir. A pessoa pode ou não sentir sintomas quando a arritmia está presente. Ou pode apenas notar os sintomas quando está mais ativo. Os sintomas podem ser muito ligeiros ou podem ser graves ou mesmo perigosos para a vida.

Os sintomas comuns que podem ocorrer quando a arritmia está presente incluem:

- Dor no peito
- Desmaio

- Tonturas, tonturas
- Palidez
- Falta de ar
- Transpiração

3.4 OBSERVAÇÃO FINAL

O coração é um órgão muscular oco que bombeia sangue através dos vasos sanguíneos para várias partes do corpo através de contracções repetidas e rítmicas. A contração e o relaxamento dos lobos do coração geram impulsos eléctricos que são conhecidos como sinais de eletrocardiograma. É possível descobrir diferentes doenças relacionadas com o coração a partir do sinal do eletrocardiograma.

Capítulo 4

DESENVOLVIMENTO DE HARDWARE

4.1 IMPLEMENTAÇÃO DE HARDWARE:

Atualmente, não existe nenhum equipamento de diagnóstico disponível no mercado que possa captar o sinal de ECG do doente, analisar esse sinal, descobrir a doença e sugerir o tratamento em conformidade. Assim, este equipamento inclui a captação, a amplificação, o processamento e a análise do sinal de ECG.

A conceção e o desenvolvimento do trabalho dividem-se em duas partes.1] Arquitetura do hardware. 2] Implementação do software. A fig.4.1 seguinte mostra a implementação de hardware do sistema.

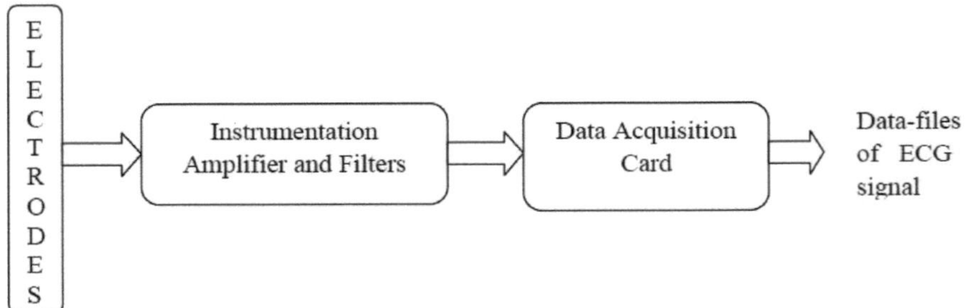

Fig 4.1 Diagrama de blocos da implementação do hardware

O sistema contém três eléctrodos de pinça, uma placa de aquisição de dados, um amplificador de instrumentação e filtros. Assim, descrevemos brevemente o nosso sistema de geração de formas de onda de pulso e utilizamos vários métodos de deteção de caraterísticas para mostrar que um pulso arterial contém propriedades fisiológicas típicas. Os eléctrodos de pinça são utilizados para captar o sinal do eletrocardiograma que é enviado para o amplificador de instrumentação e para os filtros para amplificação e filtragem. O digitalizador é utilizado para quantificar o sinal analógico.

4.2 DIAGRAMAS E EXPLICAÇÕES DOS CIRCUITOS DO PROJECTO:

Inclui: 1) Seleção dos eléctrodos

2) Projeto de amplificador de instrumentação

3) Seleção do cartão de aquisição de dados

4.2.1 SELECÇÃO DOS ELÉCTRODOS:

Dado que o ioga afecta diretamente o corpo humano, é necessário observar a atividade eléctrica do coração, para o que é necessário um eletrocardiograma. O eletrocardiograma (ECG) é um sinal variável no tempo que reflecte o fluxo de corrente iónica que provoca a contração das fibras cardíacas e o seu posterior relaxamento. O ECG de superfície é obtido através do registo da diferença de potencial entre dois eléctrodos colocados na superfície da pele. Um único ciclo normal do ECG representa a despolarização/despolarização aérea sucessiva e a despolarização/despolarização ventricular que ocorre em cada batimento cardíaco.

Os potenciais eléctricos gerados pelo coração aparecem em todo o corpo e na sua superfície. Neste caso, podemos determinar as diferenças de potencial colocando eléctrodos na superfície do corpo e medindo a tensão entre eles, tendo o cuidado de retirar pouca corrente. Pares diferentes de eléctrodos em locais diferentes produzem geralmente tensões diferentes devido à dependência espacial do campo elétrico do coração. Os membros são excelentes pontos de referência para a localização dos eléctrodos de ECG. Existem dois tipos de eléctrodos [2, 3].

4.2.1.1 Sondas unipolares: As derivações unipolares têm um único elétrodo de registo positivo e utilizam uma combinação dos outros eléctrodos para servir de elétrodo composto.

Por exemplo, derivações aumentadas e derivações torácicas.

4.2.1.2 Sondas bipolares: As derivações bipolares utilizam um único elétrodo positivo e um único elétrodo negativo entre os quais é medido o potencial elétrico.

Por exemplo, cabos de membros padrão.

Normalmente, quando um ECG é registado, todas as derivações são registadas simultaneamente, dando origem ao que se designa por ECG de 12 derivações. Neste caso, estamos a utilizar três eléctrodos de membros.

Os diferentes tipos de eléctrodos são os seguintes

4.2.1.3 Eléctrodos de chapa metálica: Os eléctrodos de chapa metálica antigos têm uma grande superfície. Por conseguinte, os eléctrodos de placa metálica continuam a ser utilizados. Utiliza-se um disco metálico revestido de aço inoxidável, platina, ouro ou AgCl. Além disso, os eléctrodos de placa metálica são baratos.

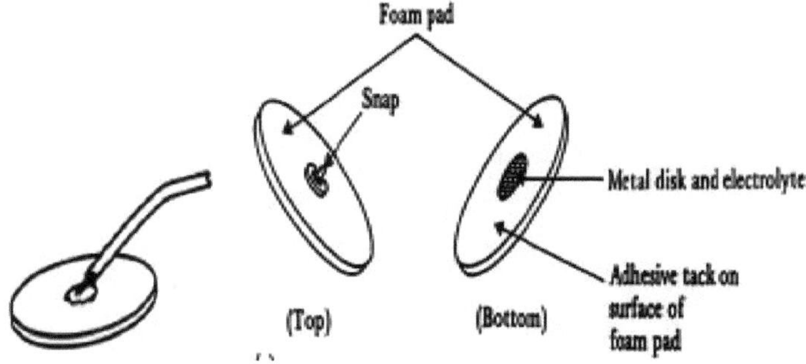

Fig. 4.2 Eléctrodos de placa metálica

4.2.1.4 Eléctrodos de sucção: Não são necessárias correias ou adesivos, ECG pericárdico (tórax), só pode ser utilizado por períodos curtos.

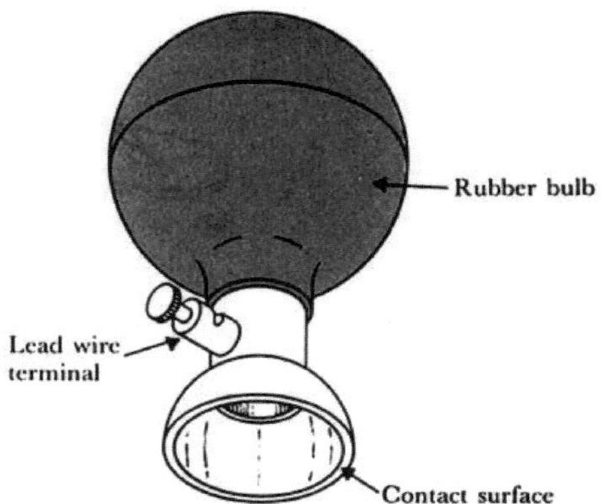

Fig. 4.3 Eléctrodos de aspiração

4.2.1.5 Eléctrodos flutuantes: O seu disco metálico é rebaixado, nadando no gel de eletrólito, pelo que não está em contacto com a pele.

4.2.1.6 Eléctrodos flexíveis: Os eléctrodos rígidos não são úteis no caso dos bebés. Utilizam-se eléctrodos de copolímero ou nylon com depósitos de prata, ou borracha de silicone cheia de carbono sob a forma de uma película fina.

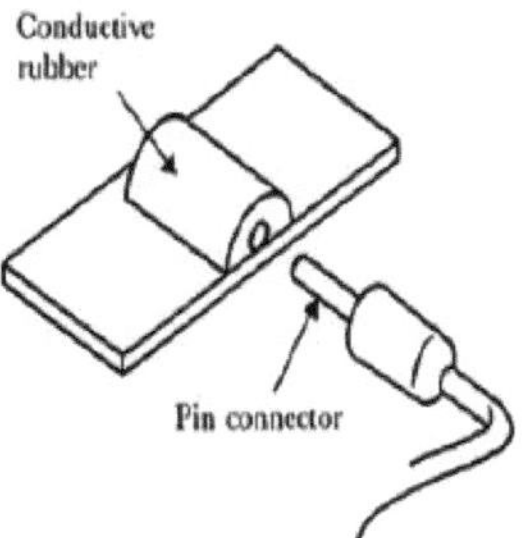

Fig. 4.4 Eléctrodos flexíveis

Fig.4.5 Eléctrodos de eletrocardiograma de pinça.

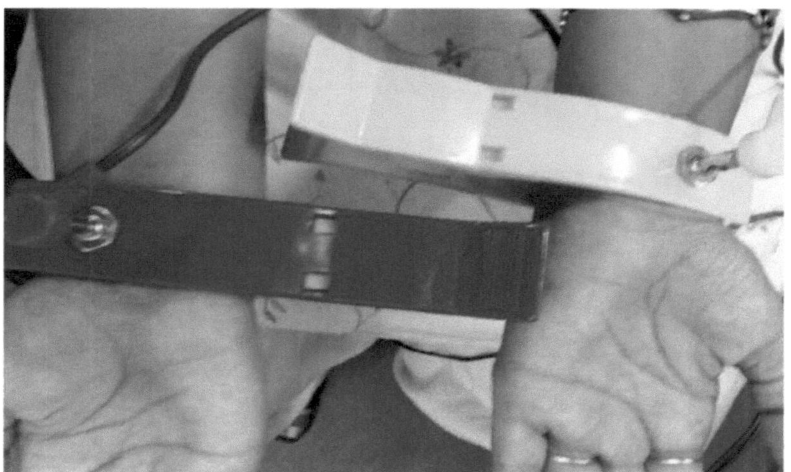

Fig.4.6 Eléctrodos de pinça montados na mão.

4.2.1.7Eletrodos de pinça:

Aqui são utilizados eléctrodos de pinça. Este pacote de eléctrodos de pinça para ECG contém três eléctrodos de pinça que podem ser fixados nos pulsos ou tornozelos.

4.2.2 CONCEPÇÃO DE UM AMPLIFICADOR DE INSTRUMENTAÇÃO (OP07)

Um amplificador de instrumentação é um tipo de amplificador diferencial que foi equipado com amplificadores de tampão de entrada, o que elimina a necessidade de emparelhamento da impedância de entrada e, assim, torna o amplificador particularmente adequado para utilização em equipamento de medição e ensaio. Outras caraterísticas incluem um desvio DC muito baixo, baixa deriva, baixo ruído, ganho de circuito aberto muito elevado, rácio de rejeição de modo comum muito elevado e impedâncias de entrada muito elevadas. Os amplificadores de instrumentação são utilizados quando é necessária uma grande exatidão e estabilidade do circuito, tanto a curto como a longo prazo. Embora o amplificador de instrumentação seja geralmente mostrado esquematicamente idêntico a um amplificador operacional normal, o amplificador operacional de instrumentação eletrónica é quase sempre composto internamente por 3 amplificadores operacionais. Estes são dispostos de modo a que haja um amplificador operacional para tamponar cada entrada (+,-) e um para produzir a saída desejada com uma correspondência de impedância adequada para a função. O circuito do amplificador de instrumentação mais comummente utilizado é apresentado na figura.

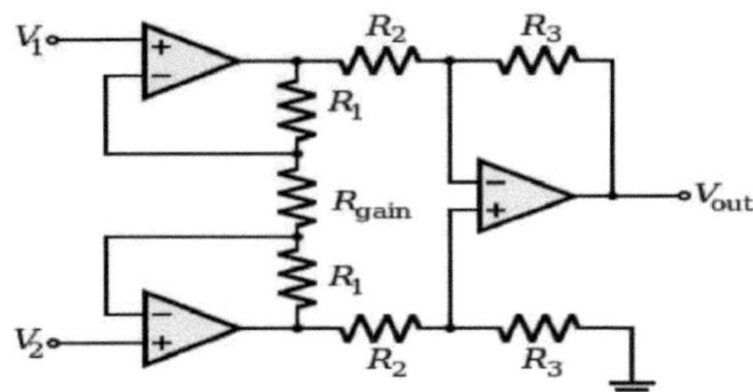

Figura4.7: Amplificador de instrumentação

O ganho do circuito é

$$\frac{V_{\text{out}}}{V_2 - V_1} = \left(1 + \frac{2R_1}{R_{\text{gain}}}\right)\frac{R_3}{R_2}$$

Este é o melhor amplificador operacional para instrumentação, com CMRR elevado, assegura que a alimentação não tem ondulação e mantém as bases analógicas e digitais separadas. Ri pode ser substituído por um potenciómetro de ajuste e uma resistência para alterar o ganho. Conecte uma extremidade predefinida aos pinos 1 e 8 e o limpador predefinido a VCC para Offset Null quando ganhos altos são configurados. Os zeners e díodos de entrada formam uma pinça de proteção para todas as tensões acima de VCC-VDD. Se a alimentação for alterada para +12 a 12, mude os zeners para zeners de 12V. Utilize Zeners semelhantes na saída para proteger a saída de ser atingida por sobretensões ou transientes de alta energia - tensão*frequência. Adicione condensadores de plástico ao longo de Rf para amortecer o funcionamento AC ou a ondulação. Evite também entradas flutuantes, fornecendo uma polarização. TL 072 também é utilizado.

4.2.3 CONCEPÇÃO DE FILTROS:

Um filtro passivo consome energia e não fornece qualquer ganho de potência. Por isso, aqui são utilizados filtros activos que fornecem ganho de potência e requerem elementos activos como o amplificador operacional. Apesar de ser possível conceber uma grande variedade de filtros com diferentes níveis de ganho e diferentes padrões de roll off utilizando amplificadores operacionais, o filtro descrito nesta página é uma solução segura.

Os filtros passa-banda activos simples podem ser facilmente fabricados através da ligação em cascata de um filtro passa-baixo com um filtro passa-alto. O filtro descrito nesta página oferecerá um ganho unitário. Os cálculos para os valores do circuito são muito simples para o cenário de ganho unitário. Neste caso, o filtro passa-baixo é concebido para uma frequência de corte de 45 Hz e o filtro passa-alto é concebido para uma frequência de corte de 0,05 Hz.

4.2.3.1 FILTROS PASSA-BAIXO DE SEGUNDA ORDEM:

A configuração para um filtro passa-baixo de 2ª ordem é dada como

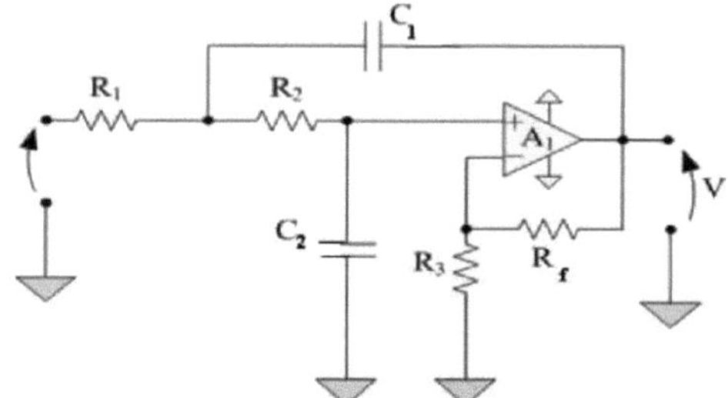

Figura4.8: Filtro passa-baixo de segunda ordem.

Este circuito tem duas redes RC, R1 - C1 e R2 - C2. A resposta em frequência normalizada do filtro de segunda ordem é idêntica à do tipo de primeira ordem. A única diferença é que o roll-off da banda de paragem será o dobro dos filtros de 1ª ordem a 40dB/década (12dB/oitava) à medida que a frequência de funcionamento aumenta acima da frequência de corte fc. A fórmula para o ganho e a frequência de corte é a seguinte

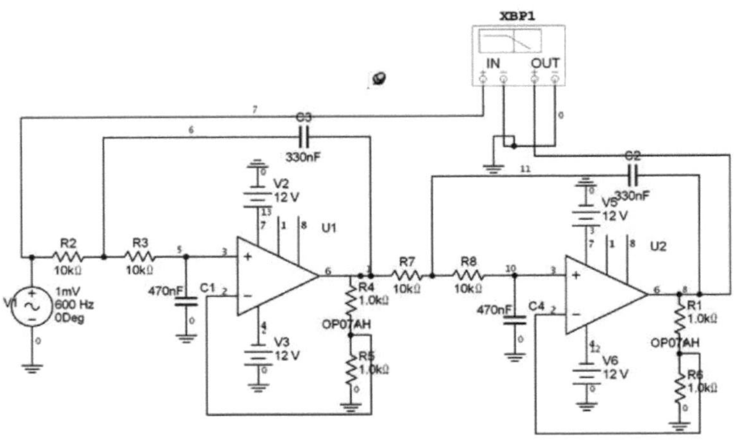

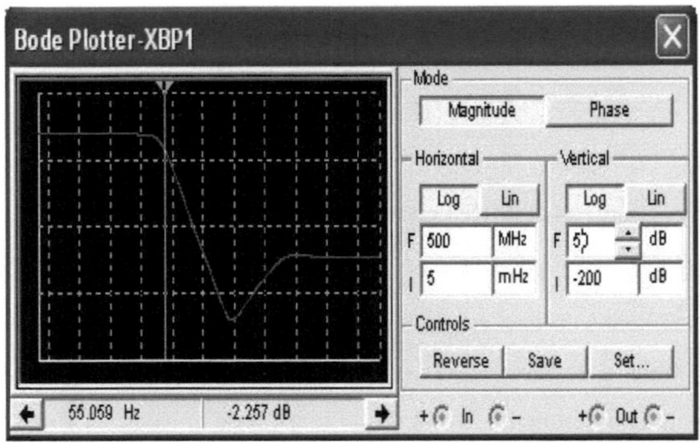

Figura4.9: Resultado da simulação do filtro passa-baixo de segunda ordem

$$\textbf{Gain (Av)} = 1 + \frac{R_f}{R_3}$$

$$f_c = \frac{1}{2\pi\sqrt{R_1 R_2 C_1 C_2}}$$

4.2.3.2 FILTROS PASSA-ALTO DE SEGUNDA ORDEM:

A configuração de um filtro passa-alto de 2ª ordem é dada como

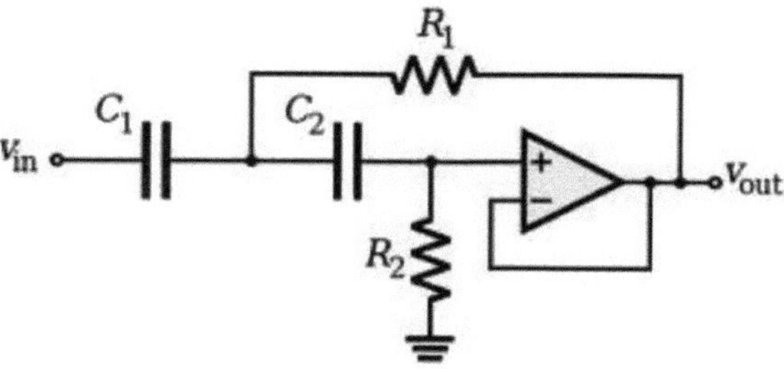

Figura4.10: Filtro passa-alto de segunda ordem

Há muito pouca diferença entre a configuração do filtro passa-altas de segunda ordem e a configuração do filtro passa-baixas de segunda ordem, a única coisa que mudou foi a posição dos condensadores e das resistências, como se mostra acima. A fórmula para o ganho e a frequência de corte é a seguinte

$$\text{Gain (Av)} = 1 + \frac{R_f}{R_3}$$

$$f_c = \frac{1}{2\pi\sqrt{R_1 R_2 C_1 C_2}}$$

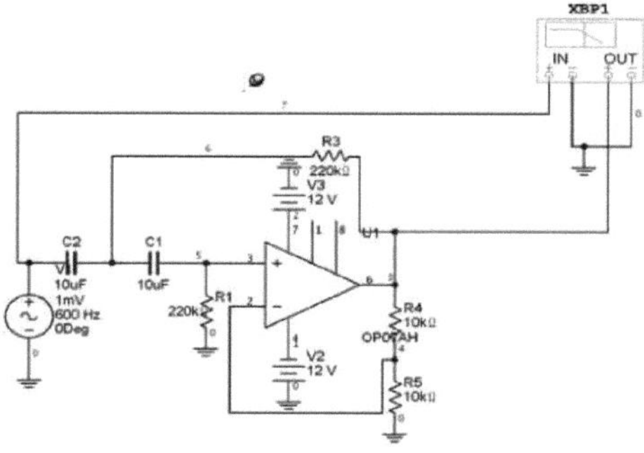

Figura4.11: Resultado da simulação do filtro passa-alto de segunda ordem.

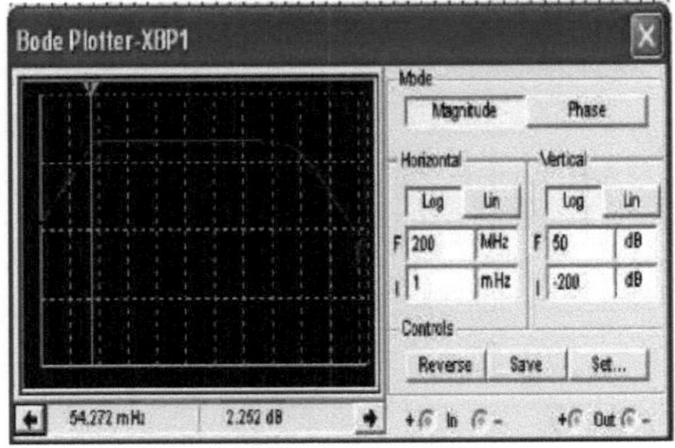

Figura4.11: Resultado da simulação do filtro passa-alto de segunda ordem.

A frequência de corte é selecionada de modo a que a informação do sinal ECG permaneça sem distorção, enquanto a maior parte possível da oscilação da linha de base é removida. A frequência cardíaca pode descer até 40 bpm, o que implica que a frequência mais baixa seja de 0,67 Hz. [4]

4.2.3.3 FILTRO NOTCH:

Os campos electromagnéticos das linhas eléctricas podem causar interferências sinusoidais de 50/60 Hz. Este ruído pode causar problemas na interpretação de formas de onda de baixa amplitude e podem ser introduzidas formas de onda espúrias[4]. Podemos utilizar um filtro de entalhe. Aqui, o filtro de entalhe é concebido para remover o ruído de 50 Hz, que significa interferência da linha eléctrica. Um "filtro de entalhe" rejeita uma banda de frequência estreita e deixa todo o restante espetro pouco alterado. O filtro de entalhe é o oposto de um filtro passa-banda. Um filtro de entalhe é um filtro de paragem de banda com uma banda de paragem estreita. O filtro de entalhe tem um fator Q elevado.

A frequência de corte do filtro de entalhe é

$$f = \frac{1}{2\pi RC}$$

Onde:

f é a frequência de corte.

Pi é a letra grega e é igual a 3,142

R é a resistência.

C é a capacitância.

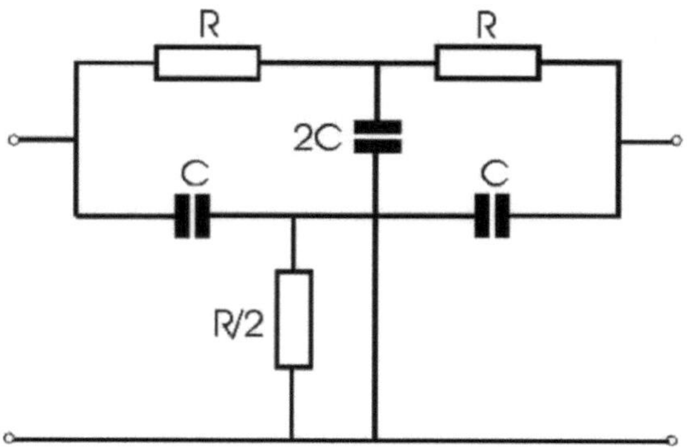

Figura4.12: Filtro de entalhe.

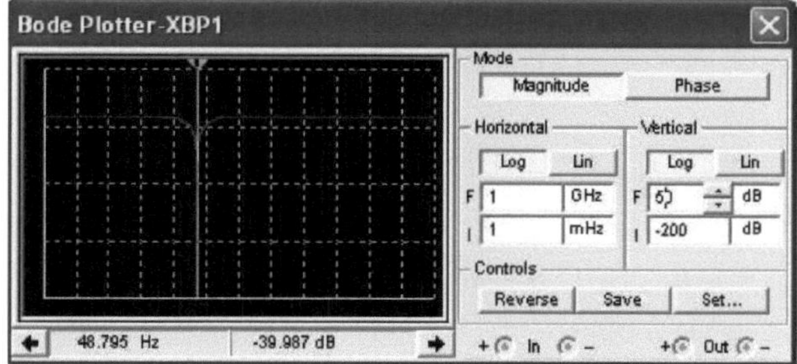

4.2.4 SELECÇÃO DO CARTÃO DE AQUISIÇÃO DE DADOS:

A aquisição de dados é, de facto, o processo de amostragem dos sinais e de conversão das amostras resultantes em valores numéricos digitais, uma vez que o computador necessita de dados digitais para o seu processamento. A aquisição de dados mede as condições físicas do mundo real. Os sistemas de aquisição de dados convertem formas de onda analógicas em valores digitais. Os componentes dos sistemas de aquisição de dados incluem

- Sensores que convertem parâmetros físicos do sinal em sinais eléctricos.
- Os sinais dos sensores são convertidos numa forma que pode ser convertida em valores digitais utilizando circuitos de condicionamento de sinal
- O conversor analógico-digital converte os sinais condicionados em valores digitais.

A placa de aquisição de dados Digilent é utilizada aqui. A placa de aquisição de dados de descoberta analógica da Digilent tem 2 canais de entrada analógica que podem ser usados para medições de entrada analógica diferencial. A figura mostra o circuito de entrada analógica da placa de aquisição de dados de descoberta analógica da Digilent.

Os principais blocos apresentados no circuito de entrada analógica da placa de aquisição de dados de descoberta analógica da Digilent são os seguintes

• MUX - A placa de aquisição de dados de descoberta analógica da Digilent tem um conversor analógico-digital (ADC). O multiplexador (MUX) encaminha um canal AI de cada vez para o PGA.

• PGA - O amplificador de ganho programável fornece ganhos de entrada de 1, 2, 4, 5, 8, 10, 16 ou 20 quando configurado para medições diferenciais e ganho de 1 quando configurado para medições de terminação simples. O ganho do PGA é calculado automaticamente com base na gama de tensões selecionada na aplicação de medição.

• ADC - O conversor analógico-digital (ADC) digitaliza o sinal de IA convertendo a tensão analógica em código digital.

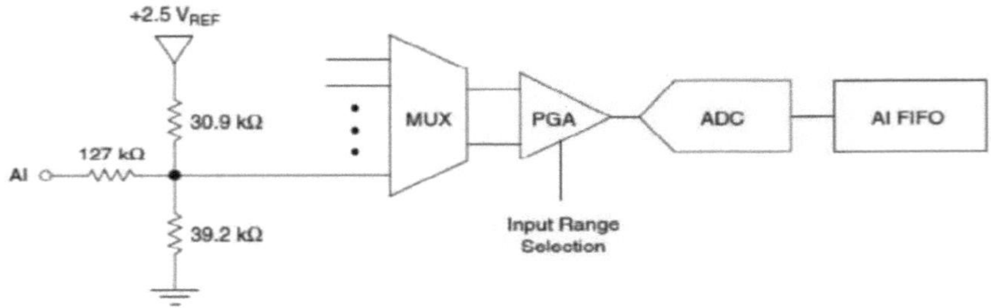

Figura 4.13: Circuito de entrada analógica do Digilent Analog Discovery.

- AI FIFO - A placa de aquisição de dados de descoberta analógica da Digilent pode efetuar conversões analógico-digitais simples e múltiplas de um número fixo ou infinito de amostras. Um buffer primeiro a entrar, primeiro a sair (FIFO) mantém os dados durante as aquisições AI para garantir que nenhum dado seja perdido.

Figura 4.14: Placa de aquisição de dados de descoberta analógica da Digilent

O diagrama acima mostra a placa de aquisição de dados de descoberta analógica da Digilent. Esta placa tem apenas duas entradas analógicas. Para adquirir os dados, utilizámos o software de formas de onda fornecido pela Digilent Technologies. Os dados são adquiridos pelo osciloscópio de canal único fornecido pelo software.

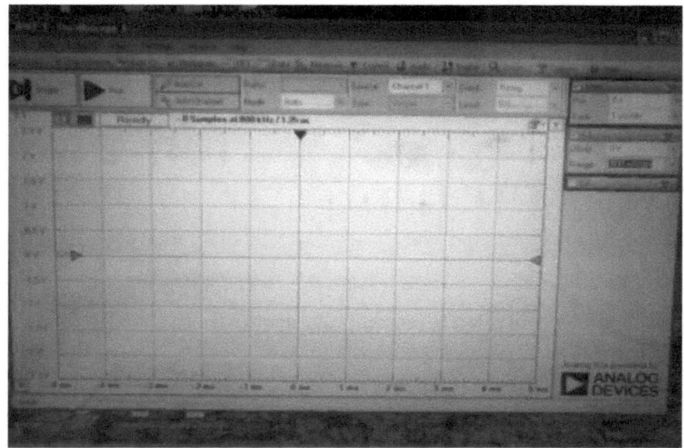

Figura 4.15: Janela do osciloscópio no software de formas de onda

O diagrama acima mostra a janela do osciloscópio fornecida pelo software de formas de onda.

Adquirimos os dados com a ajuda deste osciloscópio para dois canais. O osciloscópio de dois canais tem as seguintes especificações:

- Entradas totalmente diferenciais, até 100 MSPS
- ADC de 14 bits, até 16ksa/canal de memória

- Entradas de 1Mohm/24pF, +20V a -20V máx.
- Largura de banda do sinal analógico de 5 MHz
- Dois geradores de formas de onda de 100 MSPS, 5 MHz
- Analisador lógico de 16 canais.

4.3 FOTOGRAFIAS DE TRABALHOS DE CONCEPÇÃO

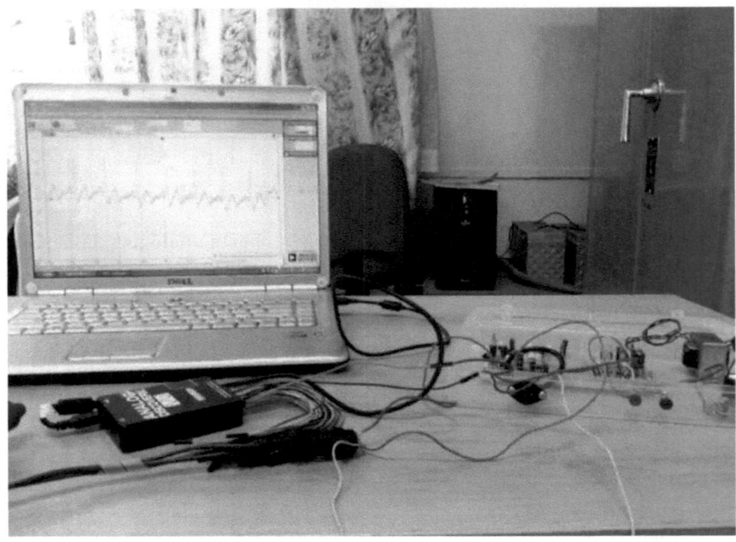

Figura4.16: Fotografia de todo o sistema

4.4 OBSERVAÇÃO FINAL

Uma vez que o sinal ECG é um sinal não estacionário, a sua captação é muito importante. Esta captação inclui um amplificador de instrumentação, um filtro passa-baixo, um filtro passa-alto e um filtro notch. Uma vez que o computador necessita de um sinal em formato digital, a conversão do sinal analógico em digital é importante.

Capítulo 5

DESENVOLVIMENTO DE SOFTWARE

5.1 AQUISIÇÃO DE DADOS

A aquisição de dados é o passo mais importante na recolha dos dados do doente. Utilizámos o software Waveforms da Digilent Technology. Para o efeito, utilizámos a janela do osciloscópio fornecida pelo software Waveforms. A placa de aquisição de dados que estamos a utilizar tem duas entradas analógicas, pelo que só precisamos de um canal. Pediu-se ao doente para se sentar e relaxar, depois colocámos os sensores no pulso e numa perna e recolhemos os dados a uma taxa de amostragem de 1,6 kHz. É possível obter os dados da placa de aquisição de dados com a frequência de amostragem pretendida. Também é possível armazenar os dados em formato Excel ou de texto. O software permite visualizar o gráfico FFT. O diagrama abaixo mostra a janela do osciloscópio.

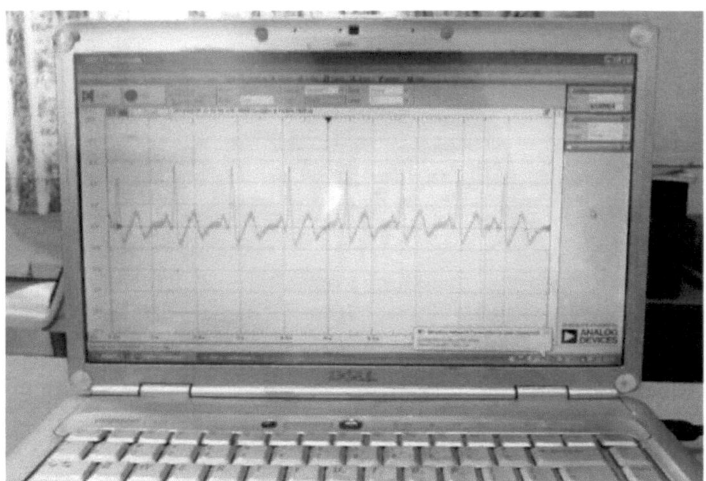

Fig 5.1: Janela do software da forma de onda

5.2 PROCESSAMENTO DE DADOS EM MATLAB

No trabalho proposto, o sinal adquirido do pulso e da perna do corpo deve ser processado para encontrar as caraterísticas no domínio do tempo, bem como as caraterísticas no domínio da frequência, que podem ser utilizadas para o diagnóstico de doenças. A ação pretendida pode ser identificada através da extração de caraterísticas. Este sinal é amostrado a mais de milhares de amostras por segundo e, utilizando a placa de aquisição de dados Digilent Analog Discovery, é pré-processado utilizando uma função MATLAB pré-definida. Este pré-processamento do sinal através do MATLAB inclui a remoção do desvio DC, a redução de ruído, a filtragem para a extração de caraterísticas do sinal ECG.

Para a extração de caraterísticas do sinal ECG, também se utiliza a transformada wavelet. Vejamos então primeiro o que é a transformada wavelet.

5.2.1 TRANSFORMADA WAVELET

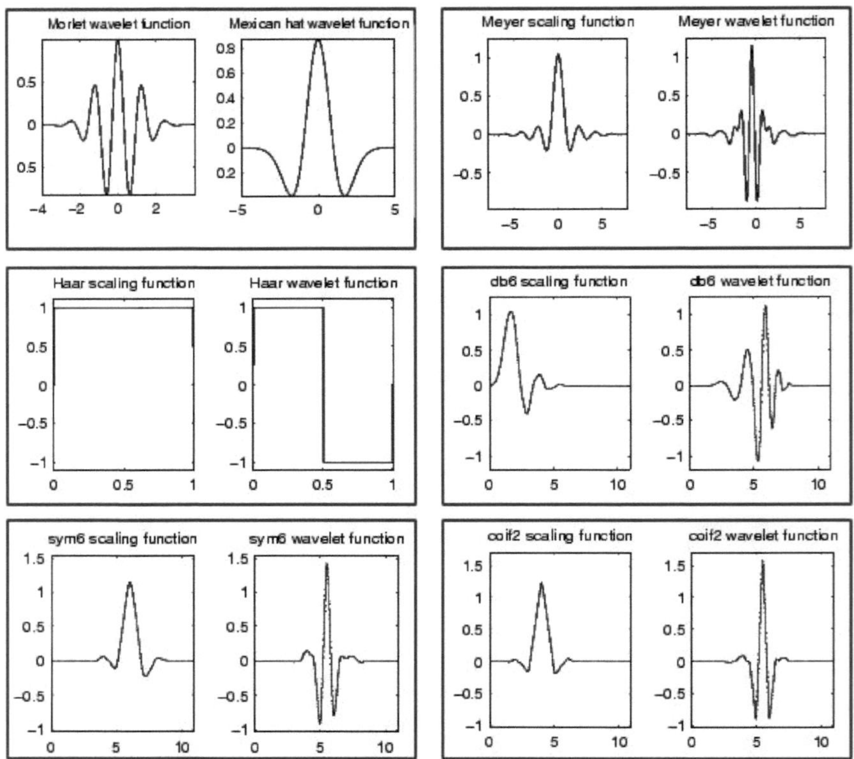

Fig. 5.2: Diferentes famílias de Wavelets.

As wavelets são funções que têm uma frequência variável, uma duração limitada e um valor médio de zero. As ondaletas são sinais com um início e um fim. As sinusóides são previsíveis e suaves na descrição de sinais de frequência constante (estacionários). As ondulações são de duração limitada, irregulares e frequentemente não simétricas.

Existem diferentes tipos de wavelets que são comparados com a forma do sinal desejado cuja transformação wavelet deve ser efectuada. Se a família de ondaletas estiver próxima das caraterísticas físicas desejadas do sinal, a família de ondaletas em causa é selecionada para utilização. A figura acima mostra diferentes famílias de wavelets.

5.2.2 PRINCÍPIO DAS TRANSFORMADAS DE WAELET:

A transformação de Wavelets divide de facto o sinal num conjunto de sinais. Cada sinal no grupo representa o mesmo sinal, mas corresponde a diferentes bandas de frequência, fornecendo assim informação sobre que bandas de frequência existem em que intervalos de tempo.

$$\boldsymbol{\psi(t) = \frac{1}{\sqrt{a}}\psi\left(\frac{t-b}{a}\right)}$$

Onde

ψ(t) Ondalete mãe.

a= função de escala.

b= parâmetro de translação.

Mãe Wavelet

- A wavelet mãe é um protótipo para gerar as outras funções wavelet.
- Todas as wavelets geradas são versões dilatadas ou comprimidas e deslocadas da wavelet mãe

5.2.3 TRANSFORMADA DE ONDALETA CONTÍNUA E TRANSFORMADA DE ONDALETA DISCRETA

As definições da transformada de ondaleta contínua

$$\boldsymbol{X(a,b) = \frac{1}{\sqrt{b}}\int_{-\infty}^{\infty} X(t)\psi\left(\frac{t-a}{b}\right)dt}$$

onde a desloca o tempo, b modula a largura (não a frequência), e □ (t) é a ondaleta mãe.lt tem a propriedade de superposição.A CWT é redundante porque ambos os parâmetros da transformada são contínuos e a maioria dos dados não é útil.A redundância pode ser reduzida pela amostragem dos parâmetros a e b para obter a transformada wavelet discreta.

A wavelet discreta pode ser implementada se for 1D, como mostra a Figura 4.3, e o caso 2D é mostrado na Figura 4.4. Do mesmo modo, pode ser adaptada a uma dimensionalidade superior.

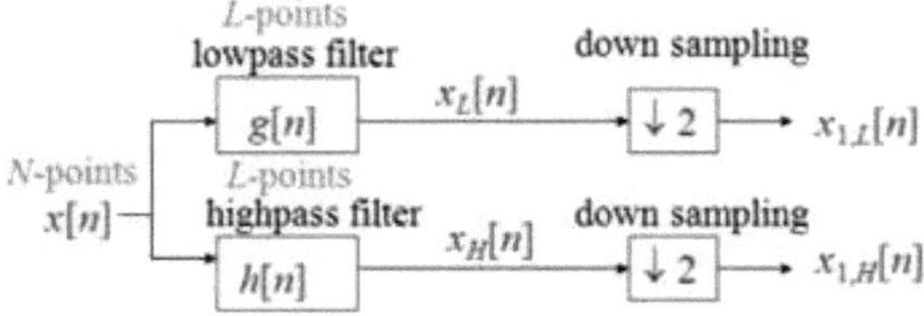

Fig. 5.3: Decomposição de um nível.

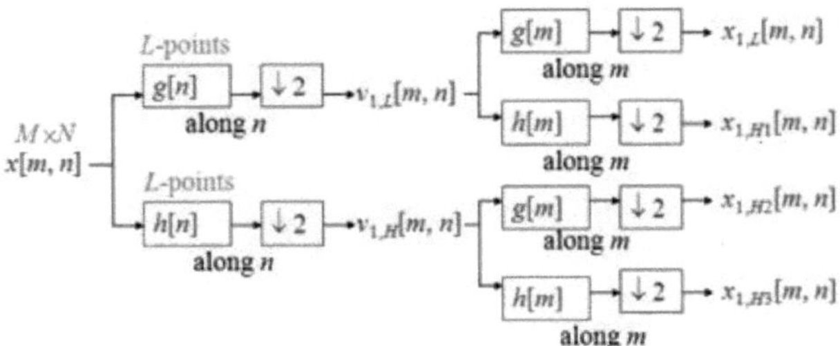

Fig. 5.4: Decomposição de dois níveis.

A partir das estruturas de implementação, é evidente que a transformada wavelet discreta tem uma velocidade de cálculo mais elevada do que a CWT, e os sinais seriam continuamente separados em baixas frequências e altas frequências, como se mostra na Figura 4.5

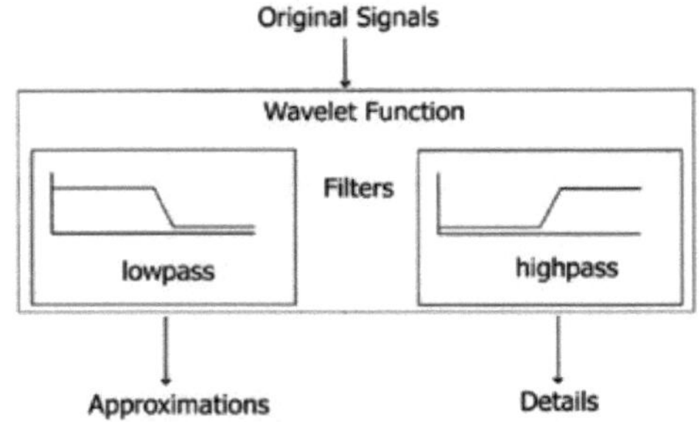

Fig. 5.5: Decomposição Wavelet.

5.3 REDE NEURAL:

Em ciências informáticas e domínios conexos, as redes neuronais artificiais (RNA) são modelos computacionais inspirados no sistema nervoso central dos animais (em especial o cérebro), capazes de aprendizagem automática e de reconhecimento de padrões. As redes neuronais artificiais são geralmente apresentadas como sistemas de "neurónios" interligados que podem calcular valores a partir de entradas.

5.3.1 REDES:

Existe um grande número de tipos diferentes de redes, mas todas elas são caracterizadas pelos seguintes componentes: um conjunto de nós e ligações entre nós. Os nós podem ser vistos como unidades computacionais. Recebem entradas e processam-nas para obter uma saída. Este processamento pode ser muito simples (como a soma das entradas) ou bastante complexo (um nó pode conter outra rede).

As ligações determinam o fluxo de informação entre os nós. Podem ser unidireccionais, quando a informação flui apenas num sentido, e bidireccionais, quando a informação flui em qualquer sentido.

As interações dos nós através das ligações conduzem a um comportamento global da rede, que não pode ser observado nos elementos da rede. Diz-se que este comportamento global é emergente. Isto significa que as capacidades da rede ultrapassam as dos seus elementos, o que faz das redes uma ferramenta muito poderosa.

5.3.2 REDES NEURONAIS ARTIFICIAIS:

Um tipo de rede considera os nós como "neurónios artificiais". São as chamadas redes neuronais artificiais (RNA). Um neurónio artificial é um modelo computacional inspirado nos neurónios naturais. Os neurónios naturais recebem sinais através de sinapses localizadas nos dendritos ou na membrana do neurónio. Quando os sinais recebidos são suficientemente fortes (ultrapassam um determinado limiar), o neurónio é ativado e emite um sinal através do axónio. Este sinal pode ser enviado para outra sinapse e pode ativar outros neurónios.

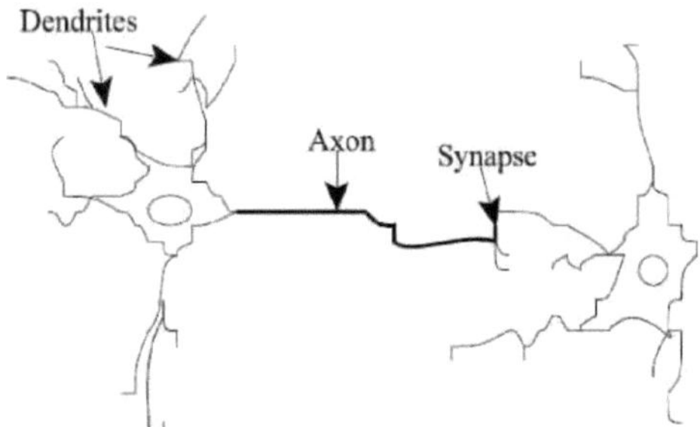

Fig. 5.6: Neurónios naturais.

A complexidade dos neurónios reais é altamente abstraída quando se modelam neurónios artificiais. Estes consistem basicamente em entradas (como sinapses), que são multiplicadas por pesos e depois calculadas por uma função matemática que determina a ativação do neurónio. As RNAs combinam neurónios artificiais para processar a informação.

Quanto maior for o peso de um neurónio artificial, mais forte será a entrada que é multiplicada por ele. Os pesos também podem ser negativos, pelo que podemos dizer que o sinal é inibido pelo peso negativo. Dependendo dos pesos, o cálculo do neurónio será diferente. Ajustando os pesos de um neurónio artificial, podemos obter a saída que pretendemos para entradas específicas. Mas quando temos uma RNA com centenas ou milhares de neurónios, seria bastante complicado encontrar manualmente todos os pesos necessários. Mas podemos encontrar algoritmos que podem ajustar os pesos da RNA de modo a obter o resultado desejado da rede. Este processo de ajuste dos pesos é designado por aprendizagem ou treino.

5.3.3DESCIDA DE GRADIENTE COM PROPAGAÇÃO DE MOMENTO E TAXA DE APRENDIZAGEM ADAPTATIVA

Pode treinar qualquer rede desde que as suas funções de peso, entrada líquida e transferência tenham funções derivadas. A retropropagação é utilizada para calcular as derivadas do desempenho perf em relação às variáveis de peso e de polarização X. Cada variável é ajustada de acordo com o gradiente de descida com momento,

dX = mc*dXprev + lr*mc*dperf/dX

em que dXprev é a alteração anterior do peso ou do enviesamento.

Para cada época, se o desempenho diminuir em direção ao objetivo, então a taxa de aprendizagem é aumentada pelo fator lr_inc. Se o desempenho aumentar mais do que o fator max_perf_inc, a taxa de aprendizagem é ajustada pelo fator lr_dec e a alteração que aumentou o desempenho não é efectuada.

O treino pára quando se verifica qualquer uma destas condições:

- É atingido o número máximo de épocas (repetições).
- O período máximo de tempo foi ultrapassado.
- O desempenho é minimizado para o objetivo.
- O gradiente de desempenho é inferior a min_grad.
- O desempenho da validação aumentou mais do que max_fail vezes desde a última vez que diminuiu (ao utilizar a validação).

5.3.4 ALGORITMO DE RETROPROPAGAÇÃO DE LEVENBERG-MARQUARDT:

Suporta a formação com vectores de validação e de teste se a propriedade NET.divideFcn da rede estiver definida como uma função de divisão de dados. Os vectores de validação são utilizados para interromper o treino antecipadamente se o desempenho da rede nos vectores de validação não melhorar ou permanecer o mesmo para épocas de max_fail consecutivas. Os vectores de teste são utilizados como uma verificação adicional de que a rede está a generalizar bem, mas não têm qualquer efeito na formação.

O trainlm pode treinar qualquer rede, desde que suas funções de peso, entrada líquida e transferência tenham funções derivadas. A retropropagação é utilizada para calcular o jacobiano jX do desempenho perf em relação às variáveis de peso e de polarização X. Cada variável é ajustada de acordo com LevenbergMarquardt,

- jj = jX * jX
- je = jX * E
- dX = -(jj+I*mu) \ je

onde E são todos os erros e I é a matriz identidade.

O valor adaptativo mu é aumentado por mu_inc até que a alteração acima resulte num valor de desempenho reduzido. A alteração é então efectuada na rede e mu é diminuído por mu_dec. O parâmetro mem_reduc indica como utilizar a memória e a velocidade para calcular o jacobiano jX. Se mem_reduc for 1, então o trainlm é o mais rápido, mas pode necessitar de muita memória. Aumentar mem_reduc para 2 reduz alguma da memória necessária por um fator de dois, mas torna o trainlm um pouco mais lento. Os estados mais elevados continuam a diminuir a quantidade de memória necessária e a aumentar os tempos de treino.

5.3.5 ALGORITMO DE RETROPROPAGAÇÃO RESILIENTE:

Pode treinar qualquer rede desde que as suas funções de peso, entrada líquida e transferência tenham funções derivadas. A retropropagação é usada para calcular as derivadas do desempenho perf em relação às variáveis de peso e polarização X. Cada variável é ajustada de acordo com o seguinte:

dX = deltaX.*sign(gX);

Onde os elementos de deltaX são todos inicializados para deltaO, e gX é o gradiente. Em cada iteração, os elementos de deltaX são modificados. Se um elemento de gX muda de sinal de uma iteração para a seguinte, então o elemento correspondente de deltaX é diminuído por delta_dec. Se um elemento de gX mantiver o mesmo sinal de uma iteração para a seguinte, então o elemento correspondente de deltaX é aumentado por delta_inc.

Capítulo 6

RESULTADOS E DISCUSSÃO

No trabalho proposto, o sinal ECG é captado a partir do pulso e de uma perna do corpo. Esse sinal de ECG é então processado para encontrar as caraterísticas do domínio do tempo, bem como as caraterísticas do domínio da frequência. As caraterísticas extraídas são fornecidas à rede neural para posterior classificação do sinal de ECG. Isto significa que as caraterísticas extraídas são utilizadas para o diagnóstico da doença arritmia. O sinal de ECG é amostrado a mais de milhares de amostras por segundo utilizando uma placa de aquisição de dados analógica digilent e é pré-processado em MATLAB. Este pré-processamento do sinal através do MATLAB inclui a remoção do desvio DC, a eliminação de ruído, a filtragem e a deteção do limiar para a extração das caraterísticas do sinal de pulso.

6.1 ALGORITMO E FLUXOGRAMAS DO SISTEMA

O algoritmo pode ser explicado da seguinte forma:

1) No modo de treino, captura o sinal do eletrocardiograma de diferentes pacientes para taquicardia, bradicardia e estado normal.

2) Carregando esses sinais no ambiente MATLAB.

3) Plotagem do sinal ECG no MATLAB.

4) Remoção de qualquer desvio DC do sinal

5) Denoising do sinal.

6) Deteção do complexo QRS.

7) Extração das caraterísticas estatísticas e morfológicas do sinal de eletrocardiograma.

8) Criação de uma rede neural artificial de retropropagação feed-forward em ambiente de laboratório mat.

9) Treinar essa rede neural, utilizando as caraterísticas extraídas para cada classe.

10) Da mesma forma, extrair caraterísticas do sinal do comboio (teste).

11) Testar a rede neural para classificar o sinal ECG.

12) Classificação, descobre a doença dessa pessoa e, em conformidade, o sistema sugere o yoga.

O fluxograma é o seguinte

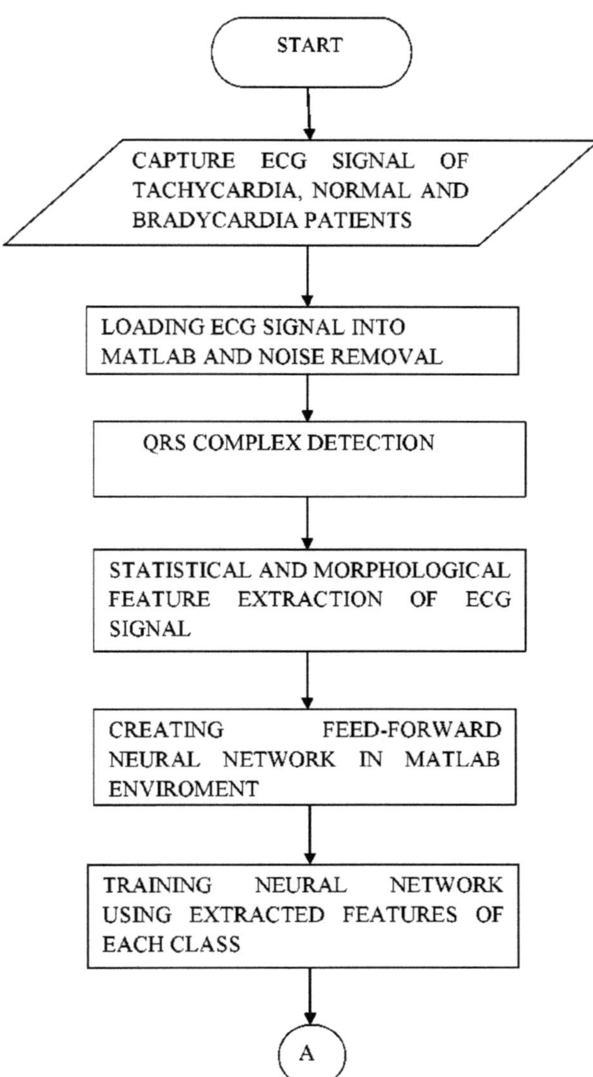

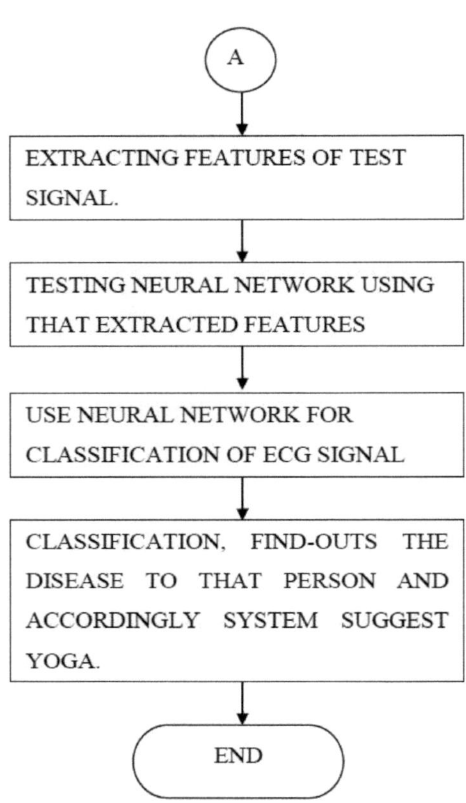

6.1 Fluxograma do sistema

Fluxograma da rede neural:

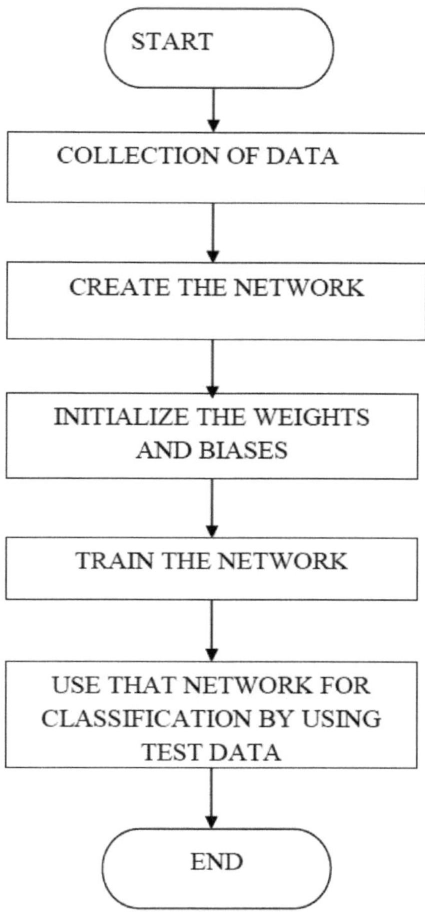

6.2 Fluxograma geral da rede neural

6.2 RESULTADOS DO SINAL DO ELECTROCARDIOGRAMA DE TAQUICARDIA

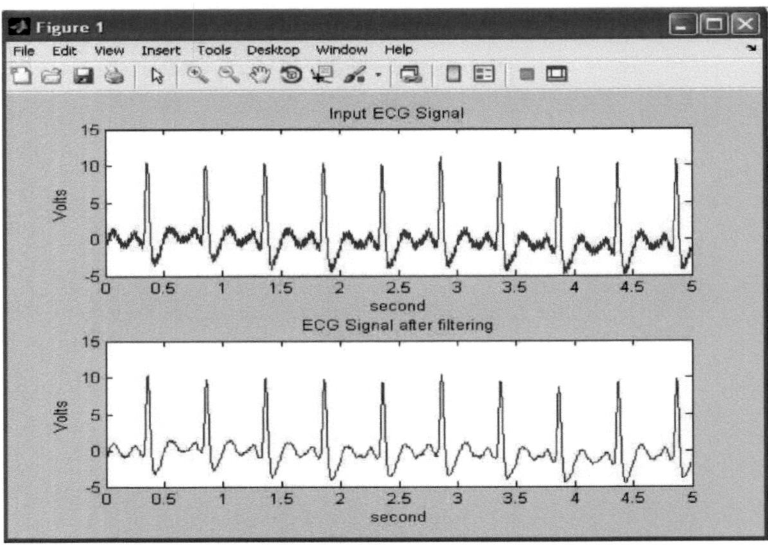

Fig. 6.3 Sinal ECG original e filtrado do tipo taquicardia

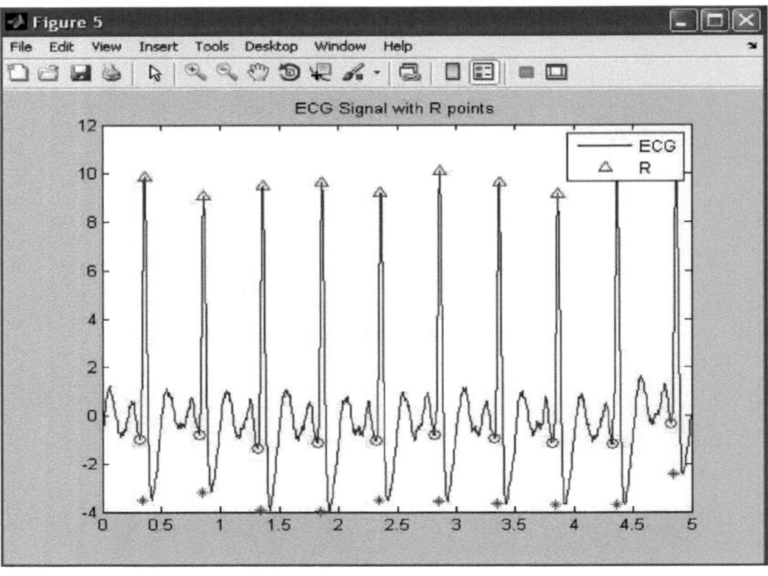

Fig. 6.4 Deteção do QRS do sinal ECG do tipo taquicardia

A fig.6.3 acima mostra o sinal do eletrocardiograma após a remoção do ruído de um doente com taquicardia. A Fig.6.4 mostra o resultado após a deteção do complexo QRS. Esta deteção do complexo QRS é importante no caso do sinal de ECG. A partir do intervalo RR é possível descobrir a frequência cardíaca.

6.3 RESULTADOS DO SINAL NORMAL DO ELECTROCARDIOGRAMA:

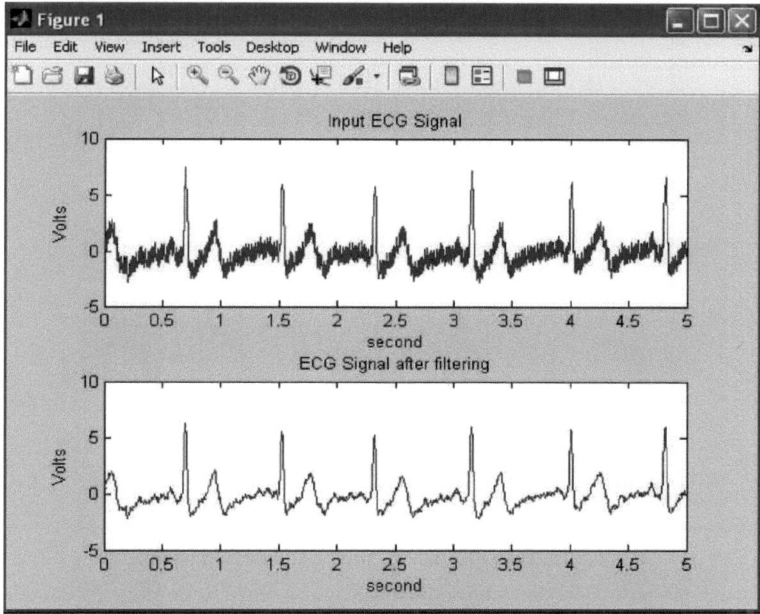

Fig. 6.5 Sinal ECG original e filtrado de tipo normal

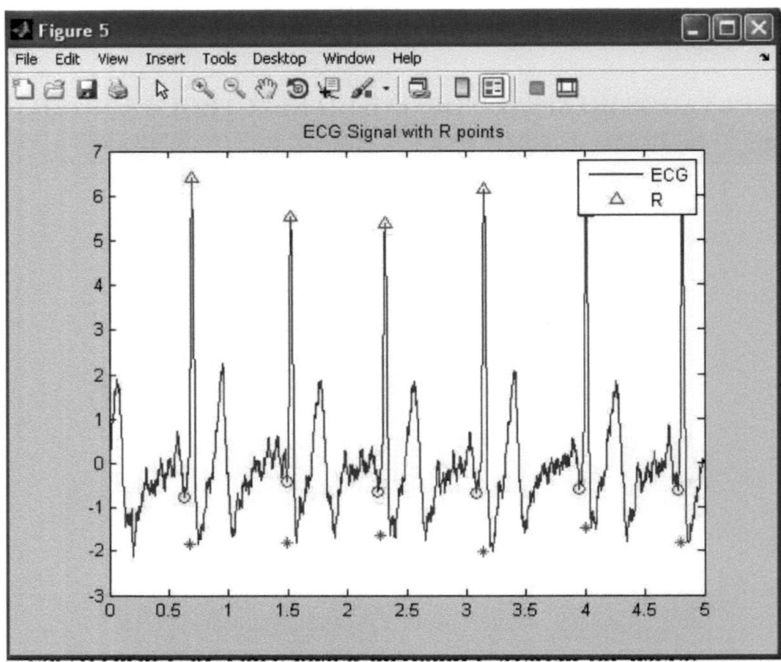

Fig. 6.6 Deteção do QRS do sinal ECG de tipo normal

A fig.6.5 acima mostra o sinal do eletrocardiograma após a remoção do ruído de um doente com taquicardia. A Fig.6.6 mostra o resultado após a deteção do complexo QRS. Esta deteção do complexo QRS é importante no caso do sinal de ECG. A partir do intervalo RR é possível descobrir a frequência cardíaca.

6.4 RESULTADOS DO SINAL DO ELECTROCARDIOGRAMA DE BRADICARDIA

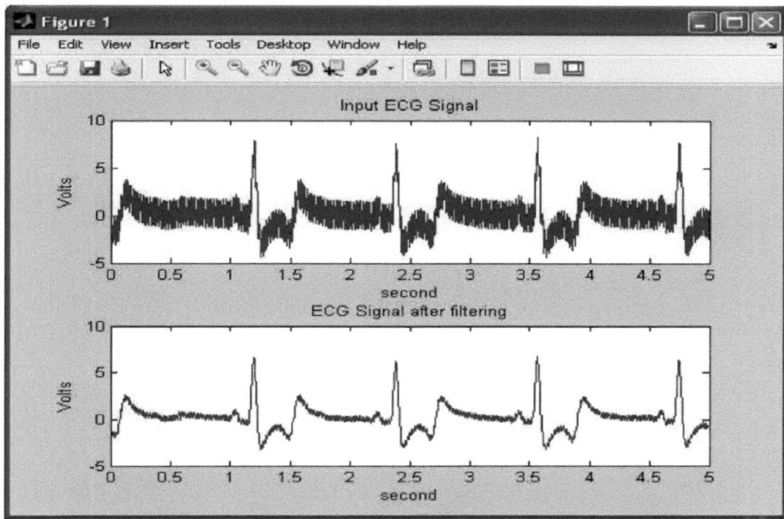

Fig. 6.7 Sinal ECG original e filtrado do tipo bradicardia

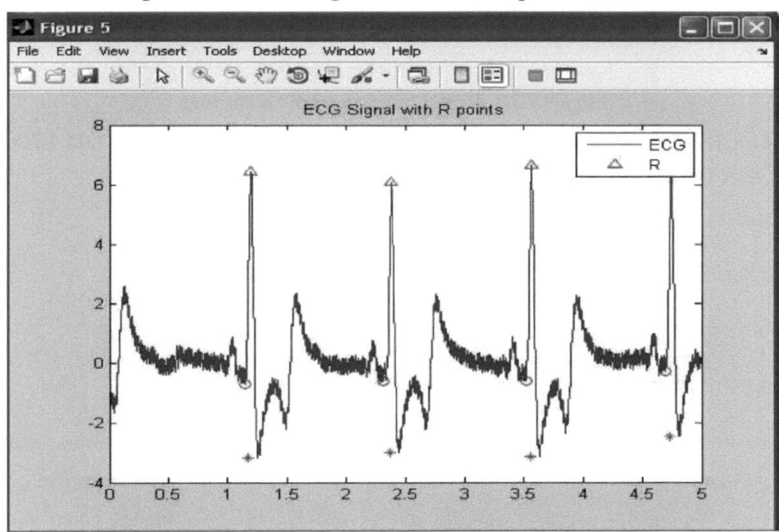

Fig. 6.8 Deteção do QRS do sinal ECG do tipo bradicardia

A fig.6.7 acima mostra o sinal do eletrocardiograma após a remoção do ruído de um doente com taquicardia. A Fig.6.8 mostra o resultado após a deteção do complexo QRS. Esta deteção do complexo QRS é importante no caso do sinal de ECG. A partir do intervalo RR é possível descobrir a frequência cardíaca.

6.5 VISUALIZAR NA GUI

INTERFACE GRÁFICA DE UTILIZADOR PARA SISTEMA PERICIAL DE YOGA

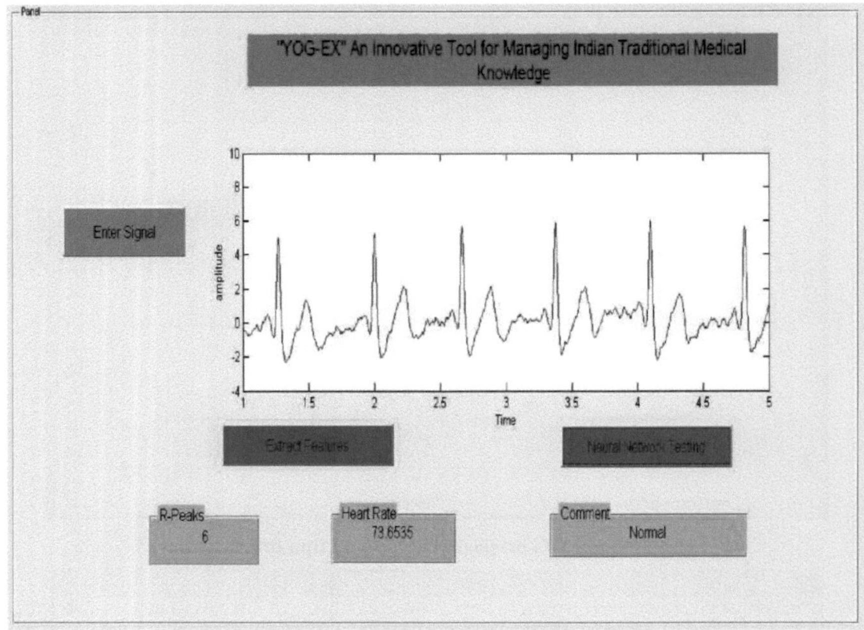

Fig 6.9 GUI do Sistema Especialista em Ioga

6.6 PRECISÃO DO SISTEMA YOGA-EXPERT PARA DIFERENTES FUNÇÕES DE ACTIVAÇÃO:

TP (Verdadeiro Positivo): Anormal ⟶ Anormal

FP (Falso Positivo): Normal ⟶ Anormal

FN (Falso Negativo): Anormal ⟶ Normal

TN (Verdadeiro Negativo): Normal ⟶ Normal

Verdadeiro positivo significa que o sinal é anormal e é tratado como tal. Falso negativo significa que o sinal é normal e é tratado como anormal. Falso negativo significa que o sinal é anormal e é tratado como normal. Verdadeiro negativo significa que o sinal é normal e é tratado como normal. As fórmulas para determinar a exatidão, a sensibilidade, a previsibilidade positiva e a sensibilidade são apresentadas a seguir.

Accuracy = * 100;

$$\text{Sensitivity} = \frac{TP}{TP+FN} * 100;$$

$$\text{Positive Predictivity} = \frac{TP}{TP+FP} * 100;$$

$$\text{Specificity} = \frac{TN}{TN+FP} * 100;$$

Para a função de ativação "traingdx":

Tabela 6.1Tabela para a função de ativação 'traingdx

Dados de teste	Produção alvo	Produção efectiva	Tempo
Conjunto de dados	T	A	39Seg
Conjunto de dados2	A	A	38Seg
Conjunto de dados3	B	B	IMin
Conjunto de dados4	T	A	10 Seg
Conjunto de dados5	A	A	38 Seg
Conjunto de dados6	B	A	38 Seg
Conjunto de dados7	T	A	40 Seg
Conjunto de dados8	A	B	38Seg
Conjunto de dados9	B	B	38 Seg

T=Taquicardia;

A=Normal;

B=Bradycardia;

TP =2; FP =1;

TN =2; FN =4;

Precisão = 44,44%

Sensibilidade= 50%

Predictividade positiva=66,66%

Especificidade=66,66%

Para a função de ativação "trainlm":

Tabela 6.2Tabela para a função de ativação 'trainlm

Dados de teste	Produção alvo	Produção efectiva	Tempo
Conjunto de dados	T	T	40Seg
Conjunto de dados2	A	A	45Seg
Conjunto de dados3	B	B	1.52Min
Conjunto de dados4	T	A	1 Min
Conjunto de dados5	A	A	22 Seg
Conjunto de dados6	B	B	39Seg
Conjunto de dados7	T	T	1.52Min
Conjunto de dados8	A	A	42Seg
Conjunto de dados9	B	A	3 Sec

TP =4; FP =0;

TN =3; FN =2;

Precisão = 77,77%

Sensibilidade= 66,66%

Predictividade positiva=100%

Especificidade= 100%

Para a função de ativação "trainrp":

Tabela 6.3 Tabela para a função de ativação 'trainrp

Dados de teste	Produção alvo	Produção efectiva	Tempo
Conjunto de dados	T	T	2Seg
Conjunto de dados2	A	A	9Seg
Conjunto de dados3	B	B	3Seg
Conjunto de dados4	T	T	4Seg
Conjunto de dados5	A	A	6 Sec
Conjunto de dados6	B	B	4 Sec
Conjunto de dados7	T	T	2Seg
Conjunto de dados8	A	T	5Seg
Conjunto de dados9	B	A	4 Sec

TP =5; FP =1;

TN =2; FN =1;

Precisão = 77,77%

Sensibilidade= 83,33%

Predictividade positiva=83,33%

Especificidade=66,66%

Tabela 6.4 Precisão de todas as funções de ativação

Função de ativação	Exatidão (%)
Traingdx	44.44
Trainlm	77.77
Trainrp	77.77

6.7 OBSERVAÇÃO FINAL

Neste capítulo, apresentámos resultados experimentais e de simulação para a fase de desenvolvimento. Os dados experimentais foram descritos para extração de caraterísticas e reconhecimento do sinal ECG. São calculadas a exatidão, a sensibilidade, a previsibilidade positiva e a especificidade para as três funções de ativação. Os resultados mostram que a exatidão da função "trainrp" é maior e que o tempo necessário para testar a rede neural para cada sinal é comparativamente menor.

Capítulo 7

RESUMO E CONCLUSÃO

7.1CONCLUSÃO

As doenças cardíacas são a principal causa de morte em muitos países modernos. Por isso, a captação e a análise do sinal de eletrocardiograma (ECG) são importantes. As máquinas de ECG estão disponíveis no mercado, mas só os médicos experientes são capazes de analisar corretamente o sinal de ECG. Assim, este sistema é útil porque não só lê corretamente o sinal de ECG, mas também analisa o sinal de ECG e descobre a doença do doente. Muitas vezes, o médico dá instruções de rotina para a realização de ioga para determinado tipo de doenças, mas os médicos não são capazes de fornecer orientação especializada aos doentes a esse respeito. Combinando o ioga e o sistema pericial, é possível fornecer orientação especializada sobre o ioga.

Este relatório aborda um sistema pericial de ioga para doenças cardíacas. As doenças cardíacas aqui incluídas são a taquicardia e a bradicardia. Taquicardia significa ter um ritmo cardíaco elevado superior a 100 bpm. Bradicardia significa ter um ritmo cardíaco baixo, inferior a 60 bpm. Primeiro, o sinal do eletrocardiograma é captado utilizando eléctrodos de pinça ligados aos membros. Em seguida, o sinal de ECG é amplificado e filtrado com filtros passa-alto e passa-baixo. A placa de aquisição de dados Digilent converte o sinal analógico de ECG em formato digital. Os dados em formato digital são então carregados no laboratório mat para posterior processamento do sinal e extração de caraterísticas do sinal. As caraterísticas extraídas incluem a entropia, a taxa de cruzamento zero, o intervalo RR, a frequência cardíaca e a média, o modo e o desvio-padrão dos coeficientes de wavelet. É utilizada a wavelet de Daubechies. Em seguida, a rede neural é utilizada para a classificação do sinal ECG. É utilizada uma rede neural de retropropagação feed-forward com funções de ativação tan-sigmoid e log-sigmoid. A rede neural dá o resultado sob a forma do nome da doença. Em conformidade, o sistema sugere ioga para esse doente.

O resultado mostra que a precisão da rede neural depende da função de ativação da rede (trainingdx, trianlm, trainrp). Um resultado revela que o tempo de processamento de cada sinal é diferente.

7.2 LIMITAÇÕES

Um artefacto muscular afecta mais a estabilização do sinal. Além disso, este sistema foi concebido para doenças de taquicardia e bradicardia. Ao incluir mais bases de dados de diferentes doenças, é possível utilizar este sistema para um maior número de doenças. A precisão do sistema não é afetada por um ambiente ruidoso.

7.3 ÂMBITO DE APLICAÇÃO FUTURA

Este projeto centrou-se na análise de doenças como a taquicardia e a bradicardia. No entanto, ao utilizar bases de dados de outras doenças, é possível analisar mais doenças. Além disso, a precisão pode ser melhorada através da extração de mais caraterísticas.

Este sistema sugere ioga ao doente através da análise do sinal de ECG. Este sistema também pode ser melhorado através da recolha do sinal de ECG antes e depois da prática de ioga. É possível observar o efeito do ioga no doente através da análise do sinal de ECG antes e depois do ioga.

REFERÊNCIAS

1. Huang Zhaoyuan, "Research into Yoga's Promoting Functions for Men's Health" Conferência Internacional sobre Saúde Humana e Engenharia Biomédica - 1922 de agosto de 2011, Jilin, China-IEEE, 2011

2. 'Effect of yoga on heart rate and blood pressure and its clinical significance'-Indla Devasena-International Journal of Biological & Medical Research-2011.

3. Martin J. Burke , Denis T.Glesson "A Micropower Dry-Electrodes ECG Preamplifier" IEEE Transaction on Biomedical Engineering,Vol.47,No.2, fevereiro de 2000

4. Sachin singh , Netaji Gandhi.N "Pattern analysis of different ECG signal usingPan- Tompkins's algorithm" International Journal on Computer Science and Engineering

Vol. 02, N.º 07, páginas 2502-2505 ,2010

5. Mukherjee, K. K. Ghosh "An Efficient Wavelet Analysis for ECG Signal Processing" Conferência Internacional sobre Infonnatics, Eletrónica e Visão IEEE Páginas 411-415,2012

6. Rajesh Ghongade , Dr. A.A. Ghatol, "A Brief Performance Evaluation of ECG Feature Extraction Techniques for Artificial Neural Network Based Classification" IEEE 2007

7. Hari Mohan Rai , Anurag Trivedi, Shailja Shukla," ECG signal processing for abnormalities detection using multi-resolution wavelet transform and Artificial Neural Network classifier" Science Diret Journal ,pages 3238-3246 ,2013,

8. Elif Derya Ubeyli, "Estatísticas sobre caraterísticas de sinais ECG", Science Diret Journal, páginas 8758-8767, 2009

9. Priyanka Agrawal, "Neural Network Architecture design for feature extraction of ECG by wavelet", International Journal Of Computational Engineering Research, IJCER , Mar-Abr 2012 , Vol. 2 , Issue No.2 |300-305

10.Md. Ashfanoor Kabir, Celia Shahnaz, "Denoising of ECG signals based on noise reduction algorithms in EMD and wavelet domains", Science Diret Journal,Biomedical Signal Processing and Control 7 (2012) 481- 489

11.Md.Tarek Uz Zaman, Delower Hossain, "Comparative Analysis of De-Noising on ECG signal",International Journal of Emerging Technology and Advanced Engineering,(ISSN 2250-2459, Volume 2, Issue 11, November 2012).

12.Ramakant A. Gayakwad, "Op-Amps e Circuitos Integrados Lineares"

13.Jacek M. Zurada, "Introdução aos Sistemas Neuronais Artificiais"

14.Satish kumar, "Rede Neural"

15.Site referido: Para Yoga http://www.artofliving.org

16.Site referido: Para Yoga http://www.yogajournal.com

17.Site referido: Para Yoga http://www.yogapoint.com

Printed by Books on Demand GmbH, Norderstedt / Germany